优异菠萝
种质资源

吴青松　主编

中国农业科学技术出版社

图书在版编目（CIP）数据

优异菠萝种质资源 / 吴青松主编 . -- 北京：中国农业科学技术出版社，2022.12

ISBN 978-7-5116-6185-2

Ⅰ.①优… Ⅱ.①吴… Ⅲ.①菠萝－果树园艺 Ⅳ.① S668.3

中国版本图书馆 CIP 数据核字（2022）第 253198 号

责任编辑	史咏竹　白　净
责任校对	李向荣　贾若妍
责任印制	姜义伟　王思文

出 版 者	中国农业科学技术出版社
	北京市中关村南大街 12 号　　邮编：100081
电　　话	（010）82105169（编辑室）（010）82109702（发行部）
	（010）82109709（读者服务部）
网　　址	https://castp.caas.cn
经 销 者	各地新华书店
印 刷 者	北京建宏印刷有限公司
开　　本	148 mm×210 mm　1/32
印　　张	1.75
字　　数	43 千字
版　　次	2022 年 12 月第 1 版　　2022 年 12 月第 1 次印刷
定　　价	29.00 元

《优异菠萝种质资源》

编写人员名单

主　　编：吴青松

副 主 编：林文秋　姚艳丽　栾爱萍

参编人员：张秀梅　刘胜辉　孙伟生　高玉尧　陆新华　贺军虎

编写人员单位

中国热带农业科学院南亚热带作物研究所

中国热带农业科学院热带作物品种资源研究所

农业农村部热带果树生物学重点实验室

海南省菠萝种质创新与利用工程技术研究中心

国家重要热带作物工程技术研究中心—菠萝研发部

本书由下列项目资助

• 国家重点研发计划课题"菠萝种质资源精准评价与基因发掘"（2019YFD1000505）

• 中华人民共和国农业农村部农垦局项目"菠萝、香蕉、澳洲坚果、荔枝等南亚热带作物种质资源保护与利用"（A120202）

感谢国家热带果树资源圃、中华人民共和国农业农村部湛江菠萝种质资源圃、海南省菠萝种质资源圃提供种质材料。

前　言

Preface

    菠萝（*Ananas comosus* var. comosus）是凤梨科（Bromeliaceae）凤梨属（*Ananas* Merr.）多年生草本植物，原产于南美洲巴西至巴拉圭的亚马孙河流域。菠萝果实风味独特、香气怡人、营养丰富，深受广大消费者喜爱，具有重要的经济价值，是世界四大热带水果之一。

    中国菠萝种植已有400多年历史，是菠萝生产大国和消费大国。中国菠萝主要种植在广东、海南、云南、广西、福建及台湾等地，种植面积7万余 hm^2，年产鲜果约170万 t。由于菠萝具有抗风、耐旱、耐贫瘠的特性，成为华南沿海热带风暴和干旱等自然灾害频发地区以及土壤贫瘠的"老边少山"地区不可替代的主要经济作物之一，是当地农民收入的重要来源。缺乏优良新品种是中国菠萝产业持续健康发展的主要制约因素之一，中国热带农业科学院南亚热带作物研究所和热带作物品种资源研究所收集境内外菠萝种质，建立了农业农村部湛江菠萝种质资源圃和海南省菠萝种质资源圃，在国家重点研发计划课题"菠萝种质资源精准评价与基因发掘"（2019YFD1000505）等项目的资助下，对菠萝种质圃中的资源进行了色泽、风味物质、果眼、耐低温和抗水心病等性状的精准鉴定与评价，筛选出优异菠萝种质和育种核心种质，为进一步的种质利用和创新提供基础材料。本书整理汇集了这些优异菠萝种质，供广大科研工作者和技术人员参考。

编　者

2022年10月20日

目 录

Contents

第一章

优异色泽菠萝
种质资源

1. '茜碧'

种质名称　'茜碧'。

种质来源　由'三色凤梨'（*A. comosus* var. *bracteatus* 'Tricolor'）嵌合体植株经体细胞胚分离途径选育出来的新品种。

基本特性　植株半直立，株高91～119 cm，冠幅90～120 cm。成年株叶40～52枚，叶带状，长98～145 cm，坚硬，中上部向下弯曲；叶缘锯齿刺状，向叶尖弯曲，刺长1.83～2.56 mm，刺距8.9～9.0 mm。头状花序由36～49朵无柄小花螺旋状排列而成；聚花果筒形，长9.8～15.5 cm，直径8.6～10.7 cm，重676～980 g，有小果36～49个，果眼深10.9～13.3 mm；冠芽1个，高度35～40 cm，冠裔芽15～20个。果实基部常有裔芽2～3个，茎上有吸芽2～3个，地下有蘖芽1～3个。营养生长期约36个月，果实发育期约120 d，果实膨大期果皮红艳，成熟后苞片和宿萼淡黄白色；果实少汁，果肉白色，可溶性固形物含量（TSS）14.2%，无香气。与现有食用菠萝品种相比，贮存期更长，且无水心病、心腐病、黑心病等病害，表现出良好的抗病性。

适宜用途　①抗病，观赏、鲜食两用型菠萝育种的亲本材料；②广东、海南等华南地区的观赏型菠萝品种生产应用。

营养生长期植株　　　　花期植株　　　　熟果期果实

'茜碧'的品种特征

2. '玉玲珑'

种质名称 '玉玲珑'。

种质来源 'Hime Pineapple'（*A. comosus* var. *nanus* 'Hime Pineapple'）变异株。

基本特性 植株直立，株高20.5～47.2 cm，冠幅48～81 cm。叶片10～22枚，叶剑形，长36～53 cm，坚硬，中上部向下弯曲；叶缘锯齿刺状，刺长1.83～2.56 mm，刺距5.92～8.87 mm。头状花序由20～35朵无柄小花螺旋状排列而成；苞片1，红色；萼片3，粉红色；花瓣3，长8～10 mm，上部蓝紫色，中下部白色，凋谢后紫红色；子房下位3室，每室20～30个胚珠。聚花果筒形，长3.5～5.0 cm，直径2.5～3.5 cm，质量40～50 g，有小果24～35个，果眼深6.5～8.3 mm；无种子；冠芽1个，长度10～12 cm。果实基部常有裔芽1～3个，茎上有吸芽1～3个，地下有蘖芽1～3个。营养生长期约6个月，春花3月，秋花9月；第一造果实6月中旬成熟；第二造果实12月中旬成熟。每朵小花开放时间仅1～2 d，每个花序开放时间约20 d。果实发育期约90 d，坐果时果色粉红，成熟后苞片和宿萼淡黄白色。果实多汁，果肉白色，可溶性固形物含量15.5%，略有香气。与现有食用菠萝品种相比，贮存期更长，且无心腐病、黑心病等病害，表现出良好的抗病性。

适宜用途 短营养期、抗病型菠萝育种的亲本材料。

| 花芽形态分化期植株 | 幼果果实 | 熟果期果实 |

'玉玲珑'的品种特征

3. '红珍珠'

种质名称　'红珍珠'。

种质来源　'珍珠'变异株。

基本特性　植株直立，株高约80.7 cm。最长叶的叶长83.7 cm，最长叶的叶宽6.81 cm，叶缘无刺或叶尖少许小刺，幼叶表面浅绿色，株型开张。苞片1，红色；萼片3，粉红色；花瓣3，长8～10 mm，上部蓝紫色，中下部白色，凋谢后紫红色；子房下位3室，每室20～30个胚珠。聚花果筒形。冠芽1～2个，果实基部常有裔芽1～3个，腋芽2～3个，吸芽1～2个，地下有蘖芽1～2个。果实圆柱形，小果苞片及萼片边缘呈皱褶状，平均果重1.41 kg，果眼平。果实坐果至果实成熟前10 d果皮色泽为红色，成熟期果皮转为浅黄白色。果肉黄色至金黄色，纤维含量较少，肉质细腻。平均可溶性固形物含量19%～22%，风味浓郁，采收期为3—7月。该种质综合性状良好，为育种核心种质。

适宜用途　①广东、海南等华南地区的观赏、鲜食两用型菠萝品种生产应用；②观赏、鲜食两用型菠萝育种的亲本材料。

营养生长期植株　　果实膨大期果实　　熟果期果实

'红珍珠'的品种特征

4. '红香水'

种质名称　'红香水'。

种质来源　'台农11号'凤梨变异株，发现于海南省昌江黎族自治县十月田镇。

基本特性　植株直立，株高约77.3 cm。最长叶片长74.7 cm，最长叶片宽6.48 cm，叶缘无刺或叶尖少许小刺，叶片表面翠绿色，有明显黄绿相间的条带，株型开张。头状花序由20～35朵无柄小花螺旋状排列而成；苞片1，红色；萼片3，粉红色；花瓣3，上部蓝紫色，中下部白色，凋谢后紫红色；子房下位3室，每室20～30个胚珠。果实圆筒形，小果苞片及萼片边缘呈皱褶状，平均果重1.32 kg，果目微微凸起。果实坐果至果实成熟前1个月果皮色泽为粉红色，成熟期果皮转为白黄色。果肉黄色至金黄色，纤维含量较少，肉质细腻。平均可溶性固形物含量19%，风味浓郁，采收期为3—6月。冠芽1个，长度10～12 cm。果实基部常有裔芽1～2个，茎上有吸芽2～4个，地下有蘖芽1～2个。

适宜用途　广东、海南等华南地区观赏、鲜食两用型菠萝品种生产应用。

营养生长期植株　　　　果实膨大期植株　　　　熟果期果实

'红香水'的品种特征

5. '红金钻'

种质名称　'红金钻'。

种质来源　为'台农17号'凤梨（♀'Smooth Cayenne'×♂'Rough'）的变异株。

基本特性　植株半直立，株高70 cm。叶片相对垂直，叶缘无刺，叶表面略呈红褐色；叶尖基部有少数密集的紫红色穗状花序，叶浅绿，嫩叶顶部红色，叶中心有红紫色花青苷显色；最长叶片长50 cm，最长叶片宽38 cm。小果数量59～61个，顺时针螺旋状排列。冠芽1个，零星有刺，长度14～16 cm。果实膨大期果皮红艳，成熟后苞片和宿萼浅黄色，果实短而长圆形，单果重1.4 kg，果圆柱形，果皮薄，果眼浅。果肉光滑细腻，纤维少，可食率60%，果心可食，果肉金黄色，可溶性固形物含量17%，可滴定酸含量0.42%，芳香多汁。茎上有吸芽1～3个。不裂柄、裂果。该种质的综合性状良好，为育种核心种质。

适宜用途　①广东、海南等华南地区的观赏、鲜食两用型菠萝品种生产应用；②观赏、鲜食两用型菠萝育种的亲本材料。

花芽形态分化期植株　　果实膨大期果实　　熟果期果实

'红金钻'的品种特征

6. '红甘蔗'

种质名称 '红甘蔗'。

种质来源 为'台农13号'的变异株，2020年4月发现于海南省昌江黎族自治县十月田镇。

基本特性 植株直立，株高约84.2 cm。最长叶片长85.3 cm，最长叶片宽7.81 cm，叶缘无刺或叶尖少许小刺，幼叶表面淡绿色，有明显黄绿相间的条带，株型半开张。冠芽1个，腋芽2～4个，吸芽1～2个。头状花序螺旋状排列；苞片1，红色；萼片3，粉红色；花瓣长8～10 mm，上部蓝紫色，中下部白色，凋谢后紫红色；子房下位3室，每室20～30个胚珠。聚花果短圆柱形，平均果重1.21 kg，果眼大而平。果实坐果至果实成熟前1周果皮色泽为红色，成熟期果皮转为淡红中带白色。果肉淡黄色，纤维含量较少，肉质细腻，果肉平均糖度12%～14%，风味平淡。采收期为3—7月。果实基无裔芽，茎上有吸芽1～3个。该种质的综合性状优良，为育种核心种质。

适宜用途 ①广东、海南等华南地区的观赏、鲜食两用型菠萝品种生产应用；②观赏、鲜食两用型菠萝育种的亲本材料。

  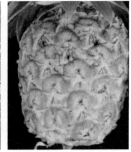

| 营养生长期植株 | 未成熟果实 | 熟果期果实 |

'红甘蔗'的品种特征

7. '冰糖红'

种质名称 '冰糖红'。

种质来源 '珍珠'变异株。

基本特性 植株直立，株高约80.7 cm。最长叶片长83.7 cm，最长叶片宽6.81 cm，叶缘无刺或叶尖少许小刺，幼叶表面浅绿色，有明显黄绿相间的条带，株型开张。苞片1，红色；萼片3，粉红色；花瓣3，长8～10 mm，上部蓝紫色，中下部白色，凋谢后紫红色；子房下位3室，每室20～30个胚珠。聚花果筒形。冠芽1～2个，果实基部常有裔芽1～3个，腋芽2～3个，吸芽1～2个，地下有蘖芽1～2个。果实圆柱形，小果苞片及萼片边缘呈皱褶状，平均果重1.41 kg，果眼平。果实坐果至果实成熟前10 d果皮色泽为红色，成熟期果皮转为浅黄白色。果肉黄色至金黄色，纤维含量较少，肉质细腻，平均可溶性固形物含量19%～22%，风味浓郁。采收期为3—7月。该种质的综合性状表现良好，为育种核心种质。

适宜用途 ①广东、海南等华南地区的观赏、鲜食两用型菠萝品种生产应用；②观赏、鲜食两用型菠萝育种的亲本材料。

营养生长期植株　　　花序　　　果实膨大期果实　　　熟果期果实

'冰糖红'的品种特征

8.'红玫瑰'

种质名称 '红玫瑰'。

种质来源 引自喀麦隆，当地野生种。

基本特性 植株半直立，株高约76.2 cm。最长叶片长80.7 cm，最长叶片宽6.61 cm，叶缘全缘具刺，叶表面淡黄绿色，叶片两边具规则的淡褐色条带，株型半开张。头状花序由小花螺旋状排列而成；苞片1，红色；萼片3，粉红色；花瓣3，上部蓝紫色，中下部白色，凋谢后紫红色；子房下位3室，每室20～30个胚珠。果实圆柱形，平均果重1.3 kg，果眼大而平。果实坐果至果实成熟前1周果皮色泽为浓红色，成熟期果皮转为淡红中带白色。果肉淡黄色，纤维含量多，肉质粗糙。平均糖度12%～13%，口感苦甜，风味平淡，营养期较短，易花易果，可周年结果。果实基部常有裔芽2～3个，茎上有吸芽3～5个，地下有蘖芽1～3个。

适宜用途 广东、海南等华南地区的观赏、鲜食两用型菠萝品种生产应用。

花芽形态分化期植株　　果实膨大期果实　　　熟果期果实

'红玫瑰'的品种特征

9. '三色凤梨'

种质名称 '三色凤梨'。

种质来源 引自美国，'红苞凤梨'（*A. comosus* var. *bracteatus*）变种。

基本特性 植株半直立，株高92～120 cm，冠幅91～119 cm。成年株叶40～50枚，长98～145 cm，坚硬，具白色条纹；叶缘锯齿刺状，向叶尖弯曲。头状花序由37～50朵无柄小花螺旋状排列而成；聚花果筒形，长9.9～16.5 cm，直径8.7～10.5 cm，重550～998 g，花序轴大，花和果上覆瓦状苞片螺旋排列，这些苞片花期亮粉红色至红色，花序颜色鲜艳。有小果37～50个，果眼深10.8～13.0 mm。冠芽1个，高度32～41 cm，冠裔芽15～20个。果实基部常有裔芽2～3个，茎上有吸芽2～3个，地下有蘖芽1～3个。果实膨大期果皮红艳，成熟后苞片和宿萼淡黄白色；果实少汁，果肉白色，可溶性固形物含量13.8%，无香气。与现有食用菠萝品种相比，贮存期更长，且无水心病、心腐病、黑心病等病害，表现出良好的抗病性。

适宜用途 ①抗病，观赏、鲜食两用型菠萝育种的亲本材料；②广东、海南等华南地区的观赏型、纤维型菠萝品种生产应用。

营养生长期植株　　果实膨大期果实　　熟果期果实

'三色凤梨'的品种特征

10. '热品紫叶'

种质名称　'热品紫叶'。

种质来源　'立叶'（*A. comosus* var. *erectifolius*）变异株。

基本特性　植株直立，中等大小，株高65～72 cm，冠幅35～40 cm。叶片29枚左右，叶剑形，长55～65 cm，坚硬竖立，富含纤维；全缘无刺，叶片光滑，由单基因控制。头状花序由22～31朵无柄小花螺旋状排列而成；苞片1，红色；萼片3，红色；花瓣3，上部蓝紫色，中下部白色，凋谢后紫红色。聚花果筒形，果实小而纤维化，不宜食用，长4.0～7.0 cm，直径3.5～4.7 cm，质量50～70 g，有小果22～31个，果眼浅，无种子。冠芽1个，长度10～12 cm。果实基部常有裔芽1～3个，茎上有吸芽5～7个，地下有蘖芽3～5个。坐果时果色红艳，成熟后苞片和宿萼淡红。果实少汁，果肉白色，可溶性固形物含量11.5%，无香气。是凤梨属纤维含量最多、质量最好的种类，纤维含量达6%，与现有食用菠萝品种相比，贮存期更长，且无心腐病、黑心病等病害，表现出良好的抗病性。

适宜用途　①抗病、短营养期、红皮菠萝育种的亲本材料；②鲜切花市场生产应用。

成花植株　　　未成熟果实　　　　　熟果期果实

'热品紫叶'的品种特征

第二章

高糖优异菠萝
种质资源

1. '台农21号'

种质名称 '台农21号'凤梨，又称'黄金凤梨''黄金菠萝'。

种质来源 从中国台湾引进。以'C64-4-117'（♀'Smooth Cayenne'×♂'台农4号'）×'C64-2-56'（♀'Smooth Cayenne'×♂'Rough'）进行杂交选育而来。

基本特性 本种质植株高约50 cm，最长叶片长约70 cm，最长叶片宽约5.5 cm，叶缘无刺或叶尖少许小刺，叶片表面翠绿色，株型开张。单冠芽，吸芽平均2个。果实圆筒形，小果苞片及萼片边缘呈皱褶状。平均果重1.3 kg，果目凸起。果实发育后期果皮青绿色，成熟期果皮转为黄色。果肉黄色至金黄色，纤维含量较多，肉质松软。平均糖度18%，风味浓郁。采收期为4—11月，可作为鲜食品种。该种质的综合性状表现良好，为高糖育种核心种质。

适宜用途 ①广东、广西（广西壮族自治区，全书简称广西）等产区的鲜食型菠萝品种生产应用；②高糖鲜食菠萝育种的亲本材料。

营养生长期植株　　　　　　熟果期果实

'台农21号'的品种特征

2. 'Josapine'

种质名称 'Josapine'，又称'红香菠萝'。

种质来源 从马来西亚引进。马来西亚农业与发展研究所（Malaysian Agriculture Research and Development Institute，简称MARDI）选育。由'Johor'（♀'Singapore Spanish'×♂'Smooth Cayenne'）×♂'Sarawak'（'Smooth Cayenne'）杂交而来。

基本特性 植株高约55 cm。最长叶片长约70 cm，最长叶片宽约5.7 cm，叶片两侧花青苷显色，叶尖有刺，株型开张。冠芽1个，吸芽2~4个。果实圆筒形，小果苞片及萼片边缘呈皱褶状。果重约0.8~1.0 kg，果眼扁平。未成熟果实果皮深褐色，成熟期果皮转为橙红色。果肉黄色，纤维含量较多，肉质松软。成熟果实糖分含量高，平均糖度19%，风味浓郁，可作为鲜食品种，耐贮运。该品种谢花后65 d左右进入成熟期，为早熟品种，综合性状表现良好，为高糖育种核心种质。

适宜用途 ①广东、海南、广西等产区鲜食型菠萝品种；②高糖鲜食菠萝育种的亲本材料。

营养生长期植株

熟果期果实

'Josapine'的品种特征

3. 'Fresh Premium'

种质名称　'Fresh Premium'。

种质来源　从澳大利亚引进。

基本特性　株高约55 cm。叶黄绿色，叶缘无刺，叶尖少量刺；最长叶片长约60 cm，最长叶片宽约4.5 cm。吸芽2个，裔芽2个，蘖芽1个，单冠芽。未成熟果实果皮银绿色。成熟果实近圆台形，果淡黄色，无果颈，单果重约0.6 kg，果实纵径约10.0 cm，果实横径约9.7 cm，果目微凸、较深，果肉金黄色，风味清香、甜酸，可溶性固形物含量约20.4 %，成熟果实糖分含量高。

适宜用途　鲜食型菠萝品种生产应用。

  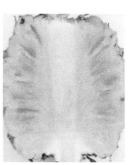

营养生长期植株　　　　结果植株　　　　熟果期果实

'Fresh Premium' 的品种特征

4. 'Golden Winter Sweet'

种质名称 'Golden Winter Sweet'。

种质来源 从澳大利亚引进。

基本特性 成熟植株高约60 cm，株型开张。最长叶片长约60 cm，最长叶片宽4.5～5.3 cm；叶片绿色，叶尖有刺。冠芽1个，平均吸芽2个，裔芽1个。果实近圆柱形，小果苞片及萼片边缘呈皱褶状。平均果重约0.9 kg，果目凸起。果实膨大期果皮深绿色，成熟期果皮转为绿色，小果果皮中心部位变黄。果肉黄色，纤维含量较多，肉质松软。平均糖度19%。可作为鲜食品种，成熟果实糖分含量高，风味浓郁，耐贮运。

适宜用途 鲜食型菠萝品种生产应用。

营养生长期植株　　　　　　　熟果期果实

'Golden Winter Sweet' 的品种特征

第三章

浅果眼菠萝
种质资源

1. '亚马孙野生种后代F10'

种质名称 '亚马孙野生种后代F10'。

种质来源 从巴西引进。

基本特性 成熟植株高约70 cm。叶缘全缘无刺，叶片绿色，叶背有明显蜡粉横纹；最长叶片长80~100 cm，最长叶片宽6.1~7.1 cm。吸芽较多，裔芽少。果实单冠芽，偶有双冠芽，无果颈，成熟果实椭圆形，果目平，果肉较硬，口感较差，为浅果眼种质。

适宜用途 浅果眼菠萝育种的亲本材料。

营养生长期植株　　　　　　熟果期果实

'亚马孙野生种后代F10'的品种特征

2. '巴西红色野生种'

种质名称 '巴西红色野生种'。

种质来源 从巴西引进。

基本特性 苗期株型较矮小开张，成熟植株高约90 cm。叶细长，叶正反面均为暗红色，叶片全缘无刺；最长叶片长70～90 cm，最长叶片宽4.0～5.7 cm。吸芽数量较多，无托芽。果小，单冠，无果颈，单果重约35 g，圆筒形，未成熟果实黄绿色，成熟果实淡黄红色，果肉白色，风味酸，不宜食用，果柄细长。为浅果眼种质。

适宜用途 ①观叶或观花、盆栽、切花；②观赏、浅果眼菠萝育种的亲本材料。

营养生长期植株　　　　结果植株　　　　　　　　熟果期果实

'巴西红色野生种'的品种特征

3. '法国野生种E7'

种质名称　'法国野生种 E7'。

种质来源　从法国马提尼克岛引进。

基本特性　株型矮小紧凑，成熟植株高约45 cm。叶片坚挺直立，叶片绿色至暗红色，全叶叶缘无刺；最长叶片长70～90 cm，最长叶片宽4.0～5.7 cm。吸芽数量多，无托芽。果小，单冠芽，无果颈，单果重80～130 g，果柄细长，未成熟果红色，成熟果淡黄白色。为浅果眼种质。

适宜用途　①观花或观叶、盆栽、切花；②观赏、浅果眼菠萝育种的亲本材料。

营养生长期植株　　　　结果植株　　　　熟果期果实与植株

'法国野生种E7'的品种特征

4. '越南无刺卡因E2'

种质名称 '越南无刺卡因E2'。

种质来源 从越南引进。

基本特性 株高约51.67 cm，叶缘无刺，叶尖少量刺；最长叶片长70.2～83.3 cm，最长叶片宽5.6～7.6 cm。单果重约450 g，冠芽长27 cm，果长约9 cm，果宽约8 cm，果心直径1.2 cm。吸芽1～2个，裔芽3～4个。果形方正，果眼浅。果肉总糖含量约13.64%，有机酸含量约1.06%，维生素C含量约102.5 mg/kg，可溶性固形物含量约15.44%。综合性状良好，为浅果眼育种核心种质。

适宜用途 ①广东、广西等地加工制罐用菠萝品种生产应用；②浅果眼加工用途菠萝育种的亲本材料。

营养生长期植株　　　结果植株

'越南无刺卡因E2'的品种特征

5. '台农20号'

种质名称 '台农20号'凤梨，又称'牛奶凤梨''牛奶菠萝'。

种质来源 从中国台湾引进。

基本特性 株型高大紧凑，株高约126 cm。叶片暗绿色，叶片较长，叶片全缘无刺；最长叶片长约118 cm，最长叶片宽约7.2 cm。未成熟果实果皮灰黑色，成熟果实果皮暗黄色。果实圆筒形，单冠芽，无果颈，果梗细长，果平，果目浅，平均单果重1.7～2.0 kg。成熟果实果肉乳白色，纤维细，质地松软，风味佳，具特殊香味。可溶性固形物含量为17%~19%，可滴定酸含量为0.48%，维生素C含量为260～280 mg/kg。易催花，果实较大，果梗易折倒，不耐低温。综合性状良好，为浅果眼育种核心种质。

适宜用途 ①广东湛江、海南等地鲜食型菠萝品种生产应用；②浅果眼鲜食菠萝育种的亲本材料。

营养生长期植株　　　　结果植株

'台农20号'的品种特征

6. '上海2号'

种质名称 '上海2号'。

种质来源 从美国引进。

基本特性 植株较高大，株高约85 cm。叶缘无刺，叶尖少刺，部分叶片的部分叶缘有刺；最长叶片长度约90 cm，最长叶片宽度约5.9 cm。裔芽1.4个，吸芽2.0个，蘖芽0.6个。单冠芽，无果颈。未成熟果绿色，成熟果实近圆柱形，果皮鲜黄色，单果重约1.2 kg，果实纵径约14 cm，果实横径约11 cm，果目扁平或微凹，果眼浅；果肉鲜黄色、芳香、酸甜。较晚熟，综合性状良好，为浅果眼育种核心种质。

适宜用途 ①海南等热带地区鲜食型菠萝品种生产应用；②浅果眼鲜食菠萝育种的亲本材料。

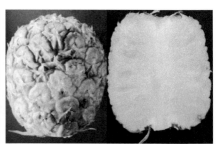

营养生长期植株　　结果植株　　　　　　　　熟果期果实

'上海2号'的品种特征

第四章

耐低温菠萝种质资源

1. '越南 H12'

种质名称 '越南 H12'。

种质来源 从越南引进。

基本特性 苗期植株矮小，叶片宽短披散，茎伸长后的叶片狭长。成熟植株高约 70 cm，叶片翠绿色，叶缘全缘无刺，吸芽和蘖芽多而形成丛生，无裔芽。未成熟果实果皮红色；成熟果实果皮淡黄白色，果肉白色，果小，单冠至多冠，无果颈；果梗细长，直立。为耐低温种质。

适宜用途 ①观叶、观花、观果，观赏盆栽，切花；②观赏类耐低温菠萝育种的亲本材料。

营养生长期植株　　　　结果植株　　　　熟果期果实与植株

'越南 H12' 的品种特征

2. '泰国H3'

种质名称 '泰国H3'。

种质来源 从泰国引进。

基本特性 株型直立，成熟植株高约70 cm。叶片挺立，苗期叶色暗绿色，叶片正面中央有暗红色彩带，叶片全缘无刺。成熟植株叶片暗红色，吸芽和蘖芽多，易形成丛生；无裔芽。幼果红色，成熟果白色，果小，单冠，无果颈，果梗细。为耐低温种质。

适宜用途 ①观叶、观花、观果，观赏盆栽，切花；②观赏类耐低温菠萝育种的亲本材料。

营养生长期植株　　　熟果期果实与植株

'泰国H3'的品种特征

3. '手撕大目种'

种质名称 '手撕大目种'，又称'台农4号大目种''剥粒菠萝大目种'。

种质来源 从中国台湾引进。

基本特性 植株中等偏小，成熟植株高50～65 cm，株型开张。叶缘有硬刺，叶片绿色，紫红色的条纹分布在叶片两侧，叶片背面有浓密的白粉，叶片较短，裔芽较多。单冠，单果重0.60～0.75 kg，短圆筒形；果实上部小果不发育，形成明显的果颈；果目凸出，果眼较深，小果易撕下。果肉金黄色，肉质滑脆，清甜可口，纤维较少，水分适中，风味较好；可溶性固形物含量16%～18%，可滴定酸含量0.4%～0.6%，维生素C含量530～1000 mg/kg，较耐贮存。耐低温，为耐低温育种核心种质。

适宜用途 ①广东、海南、广西等地鲜食菠萝品种生产应用；②耐低温鲜食菠萝育种的亲本材料。

| 营养生长期植株 | 结果植株 | 熟果期果实 |

'手撕大目种'的品种特征

4. 'N 17-4'

种质名称 'N 17-4'。

种质来源 从马来西亚引进。

基本特性 成熟植株高65 cm。叶缘无刺，叶尖有少量刺，部分叶片的部分叶缘有刺；成熟叶的叶边有暗红色彩带；吸芽1~3个，裔芽0~1个，蘖芽0~1个。未成熟果实红褐色，成熟果实淡褐色。单冠芽，无果颈，果实纵径约12 cm，果实横径约11 cm。耐低温，为耐低温育种核心种质。

适宜用途 ①广东、海南、广西等地鲜食菠萝品种生产应用；②耐低温鲜食菠萝育种的亲本材料。

营养生长期植株　　　　结果植株　　　　　　　熟果期果实

'N 17-4'的品种特征

第五章

抗水心病菠萝
种质资源

1. 'New Puket'

种质名称　'New Puket'。

种质来源　从泰国引进。

基本特性　株型半直立，成熟植株高约54 cm。叶缘有刺，无彩带，最长叶片长约70 cm，最长叶片宽约5.8 cm。吸芽数量少。果实较小，单果重约700 g，果形指数1.20～1.38，果实圆柱形，基部弧形。成熟果实果皮黄色，果肉呈金黄色，可溶性固形物含量17.2%。果眼较深，小果数较多。单冠芽，冠芽长圆柱形，冠芽叶全缘有刺。果实抗水心病。

适宜用途　①抗水心病菠萝品种选育的亲本材料；②广东、海南、广西等省区鲜食型菠萝品种生产应用。

结果植株　　　　　　　熟果期果实

'New Puket'的品种特征

2. 'Phetchaburi 1'

种质名称 'Phetchaburi 1'。

种质来源 从泰国引进。

基本特性 株型平展，成熟植株高约60 cm。叶缘有刺，无彩带，最长叶的叶长70 cm，最长叶的叶宽5.5 cm。吸芽数量多。单果重约921 g，果形指数约1.2，果形圆柱形，基部凸起。成熟果实果皮黄色，果肉呈黄色，可溶性固形物含量16.7%。单冠芽，冠芽长圆柱形，冠芽叶全缘有刺。果实水心病抗性强。

适宜用途 ①抗水心病菠萝品种选育的亲本材料；②广东、海南、广西等省区鲜食型菠萝品种生产应用。

结果植株　　　　　　　熟果期果实

'Phetchaburi 1'的品种特征

3. 'Puket'

种质名称　'Puket'。

种质来源　从泰国引进。

基本特性　株型平展，成熟植株高约60 cm。叶缘有刺，无彩带，最长叶片长约70 cm，最长叶片宽约4.8 cm。吸芽数量少，裔芽数量较多，蘗芽1个。单果重约800 g，果形指数1.20～1.35，果实圆柱形，基部平，无果瘤，果目凸出，果眼较深，小果数较多。单冠芽，冠芽长圆柱形，冠芽叶全缘有刺。成熟果实果皮浅黄色，果肉呈金黄色，可溶性固形物含量16.7%。食味品质好，果实水心病抗性强。

适宜用途　①抗水心病菠萝品种选育的亲本材料；②广东、海南、广西等省区鲜食型菠萝品种生产应用。

结果植株　　　　　　熟果期果实

'Puket'的品种特征

4. 'DN5'

种质名称 'DN5'。

种质来源 从越南引进。

基本特性 株型平展，成熟植株高约50 cm。叶缘有刺，无彩带，最长叶片长约80 cm，最长叶片宽约5.0 cm，吸芽多，裔芽约4个。单冠芽，冠芽长圆柱形，冠芽叶全缘有刺。未成熟果实果皮暗绿色，成熟果实圆柱形。果实顶部无果颈，果目凸起，果眼较深，果实基部无果瘤，果皮黄色。单果重约540 g，果实纵径约13 cm，果实横径约9 cm。成熟果实果肉黄色，香甜，可溶性固形物含量约18%。果实水心病抗性强。

适宜用途 ①抗水心病菠萝品种选育的亲本材料；②广东、海南、广西等省区鲜食型菠萝品种生产应用。

结果植株　　　　　　　　　熟果期果实

'DN5'的品种特征

5. 'Giant Kew'

种质名称　'Giant Kew'。

种质来源　从印度引进。

基本特性　株型平展，成熟植株高约75 cm。叶缘有刺，无彩带，最长叶片长约70 cm，最长叶片宽约5.8 cm。吸芽2~3个，裔芽约3个，蘖芽约1个。单冠芽，冠芽长圆柱形，冠芽叶全缘有刺。单果重约675 g，果形指数1.28，果实圆柱形，无果颈，基部平。成熟果实果皮黄色，果肉浅黄色，果目凸出，果眼较深，小果数较多。果实水心病抗性强。

适宜用途　①抗水心病菠萝品种选育的亲本材料；②广东、海南、广西等省区鲜食型菠萝品种生产应用。

结果植株　　　　　　　熟果期果实

'Giant Kew'的品种特征

6. '泰国菠萝'

种质名称　'泰国菠萝'。

种质来源　从泰国引进。

基本特性　株型半直立，成熟植株高约55 cm。叶缘有刺，无彩带，最长叶片长约90 cm，最长叶片宽约7.0 cm，吸芽少。果实较小，单果重约410 g，果实球形，基部弧形。单冠芽，冠芽长圆柱形，冠芽叶缘有刺。成熟果实果皮黄色，果肉金黄色，肉质柔软纤维少，果心脆甜，色泽金黄，香味浓郁。果实水心病抗性强。

适宜用途　①抗水心病菠萝品种选育的亲本材料；②广东、海南、广西等省区鲜食型菠萝品种生产应用。

结果植株　　　　　　　熟果期果实

'泰国菠萝'的品种特征

7. '无刺卡因'

种质名称　'无刺卡因'。中国福建和台湾地区多称其为'沙捞越'，广西多称其为'夏威夷'，广东潮汕地区多称其为'南梨'，海南和广东湛江多称其为'千里花'。

种质来源　从广东湛江收集。

基本特性　植株高大，长势健壮，株高80～100 cm，冠幅约140 cm。叶缘无刺或叶尖有少许刺，叶面中央有紫红彩带，吸芽少。未成熟果实果皮绿色，成熟果果皮黄色。果长圆柱形，较大，单果重1.5～2.5 kg，果实纵径约14.0 cm，果实横径约11 cm，无果颈，单冠芽。果目扁平或微凹，果眼浅，果肉白色至淡黄色，汁多，可溶性固形物含量12%～14%，可滴定酸含量0.4%～0.5%，维生素C含量40～140 mg/kg。口感细腻，稍酸，甜酸适中，是制罐头的主要品种。夏季催花成花较难，水心病抗性较强，产量较高。综合品质较好，为抗水心病育种核心种质。

适宜用途　①抗水心病菠萝育种亲本材料；②广东、海南、广西等省区加工型菠萝品种生产应用。

营养生长期植株　　　　　　　熟果期果实

'无刺卡因'的品种特征

8. '台农22号'

种质名称　'台农22号'凤梨，又称'西瓜菠萝'或'台农22号'菠萝。

种质来源　从中国台湾引进。

基本特性　植株高大，株型紧凑，较直立，生长势强，株高约100 cm。叶面绿色，无彩带，叶背呈白色粉带与绿色相间横纹，叶缘无刺，叶缘上部有少量不规则短刺，最长叶片长约75.0 cm，最长叶片宽约6.1 cm。裔芽极少，吸芽1～2个。果实近圆球形，果实较大，纵径约16 cm，横径约14 cm，平均单果重约1.98 kg，最重果可达5 kg以上；冠芽较短，果皮较薄，果眼浅；未成熟果皮棕褐色，成熟时果皮由暗绿色转为暗黄色；果肉淡黄色，可溶性固形物含量14%～18%，可滴定酸含量为0.19%～0.30%，果肉金黄色，汁多，口感香甜，酸度较低，为优质鲜食品种。商品果率较高，不耐长途运输。易催花，水心病抗性较强。综合品质较好，为抗水心病育种核心种质。

适宜用途　①抗水心病菠萝育种亲本材料；②广东、海南、广西等省区鲜食型菠萝品种生产应用。

营养生长期植株　　结果植株　　　　　　熟果期果实

'台农22号'的品种特征

$\mathcal{9}.$ 'Maroochy'

种质名称 'Maroochy'

种质来源 从澳大利亚引进。

基本特性 株型较高大，成熟植株高约60 cm。叶面内卷较深，叶缘褶边银色，全缘无刺，成熟叶片正面暗红色，背面绿色有白粉。吸芽0~2个，裔芽2~6个，蘖芽0~1个。果实单冠，单果重约1.0 kg，可溶性固形物含量15.5%~17.9%。水心病抗性较强，综合品质较好，为抗水心病育种核心种质。

适宜用途 ①抗水心病菠萝育种亲本材料；②广东、海南等省区鲜食型菠萝品种生产应用。

营养生长期植株　　结果植株　　　　　熟果期果实

'Maroochy'的品种特征

10. '台农4号'

种质名称　'台农4号'凤梨，又称'剥粒凤梨''手撕凤梨''剥粒菠萝''手撕菠萝'。

种质来源　从中国台湾引进。

基本特性　植株中等偏小，平均株高约54.5 cm，植株较直立。叶片绿色，叶片两侧分布紫红条纹，叶片背面有浓密白粉，叶片较短，叶缘有刺。每株有吸芽1～6个，裔芽1～7个。果实短筒形；果眼中等隆起，小果可撕下，果实上部小果不发育，形成明显的果颈；单果重1.1～1.2 kg；果肉金黄，肉质脆，香味浓郁，汁少，可溶性固形物含量15.7%～16.4%，可滴定酸含量0.42%～0.57%，维生素C含量530～1000 mg /kg。较耐贮存，水心病抗性强，果实品质好。综合品质较好，为抗水心病育种核心种质。

适宜用途　①抗水心病菠萝育种亲本材料；②广东、海南、广西等省区鲜食型菠萝品种生产应用。

营养生长期植株　　结果植株　　　　　熟果期果实

'台农4号'的品种特征